車の中から見た世界

「運転とは何か」

大塚 健次郎
OTSUKA Kenjiro

文芸社

目次

車は自分の体……6
見る対象・見える対象……8
車の中から見た世界……10
見えない危険への対応……15
コミュニケーション……18
目的意識……21
既に持っている能力……24
運転が上手《うま》くなるまでのステップ……26
知識……32
コンプライアンスの重要性……38
ハインリッヒの法則……41
無意識による運転……44
価値観……47

普通の関係……51
予期せぬ出来事……54
手で触れることのできないもの……56
運転への憧れ……59
命を懸けた運転……65
あおり運転……70
運転とは何か……74
車としての価値……76
交通社会の終焉《しゅうえん》……78
速度と恐怖感……80
混沌《こんとん》・対立・協調……84
目で見ることと意識すること……87
意識の働き……89
悪夢……92
プラス意識とマイナス意識……96
もう一つのリスク……99

追突事故……102
引用・参考文献……108

車は自分の体

「車の運転」について考えてみましょう。

車の運転ができるということは、車が自分でなければなりません。どういうことかというと、例えば、食事をする時を考えてみてください。まず箸を持つという動作をしますが、その箸に手を運んでいく時には必ず箸を持とうという意識を持ち、視線はその箸に注がれていきます。この時に、決して自分自身の手は見ていないし、意識もその手に持っていっているわけではありません。自分の手は自分自身がよく知っているから、自分の手を見る必要はないし、意識する必要もないのです。

そして、箸を持った時には、これから箸で摘《つ》まもうとするおかず（ご飯でもよいのですが）の方に意識を持ち、視線が向けられています。既にこの時点では箸を見ていないし、箸に意識はないのです。箸は自分の手として、自分の体の一部として、自分のものになっているのです。

あるいは金槌《かなづち》で釘《くぎ》を打つ時も同様です。釘を見ていますが金槌を見ることはありません。

このように、人間が物としての道具を自由に操ることができるのは、道具としての物を体の一部として、自分のものにすることができるからです。それは車を運転する時も同じです。運転する時にハンドルを見ていないし、アクセルやブレーキ、車のボディも見ることはないのです。要するに、車は自分のものになっているのです。つまり車は自分の体なのです。

人間が歩く時に足を見ないのと同じように、自分を見る必要もないし、意識する必要もないのです。

見る必要があるのは、これから走る道路であり、対向車や駐車車両、ガードレールなどであり、自分の車以外の対象を見る必要があるのです。

見る対象・見える対象

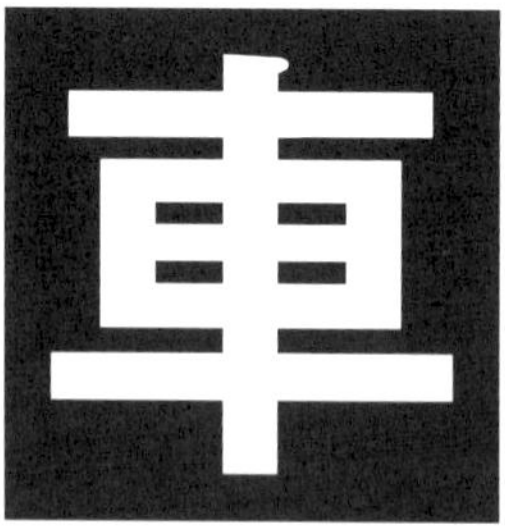

図1　見る対象と見える対象

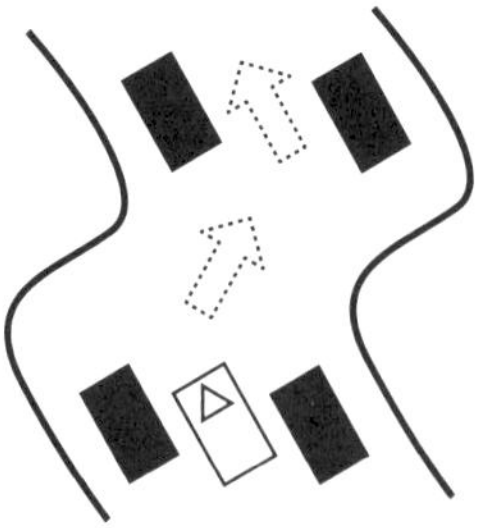

図2　道路と駐車車両

車を運転中、道路を走る時にしっかり見なければならないのは道路です。

図1に、黒い背景の中に白く「車」という文字があります。もしこの時に、黒い背景がなかったら、車と書いた白い文字を読み取ることができません。つまり、白い文字を見ていますが、同時に黒い背景が見えているのです。「見る対象」は白い文字ですが、「見える対象」は黒い背景ということになります。

車を運転する時も同様に、「見る対象」と「見える対象」が存在するのです。

図2のように道路の両側に黒い駐車車両がある場合は、駐車車両が「見える対象」であり、「見る対象」

は、これから走る道路の進路の白い部分です。つまり駐車車両は見るのではなく、見えていればよいのです。大切なのは、これから走ろうとする道路の進路の部分を探し、見ていかなければならないのです。その時に、駐車車両は見えているので駐車車両を見る必要はないのです。最初は危険な対象として駐車車両に視線を向け、意識してしまいますが、危険の中から安全な対象の進路を見出《みいだ》していけばよいのです。駐車車両を避けながら、道路をどのようなルート（進路）で進むかを見つけ出す作業を行っていきます。

見るという行為は、行動を伴います。駐車車両を見た時に、衝突すると危険なので駐車車両を避ける、そして、道路の安全な進路を見出し、そこへ行くという行動が伴うのです。

運転という行動は、結局、危険な対象の中から安全な対象を見出していくという操作の繰り返しなのです。そして、運転とは何かといえば、「対象との対応によって、安全な対象を見つけ出し、自分の行きたいところへ行く」ということなのです。

車の中から見た世界

図3は、車の中からフロントガラスを通して見た、何の変哲もない何気ない光景です。一方、図4は図3と同じ状況なのですが、車から降りて、車の外から俯《ふ》瞰《かん》的に見た光景です。

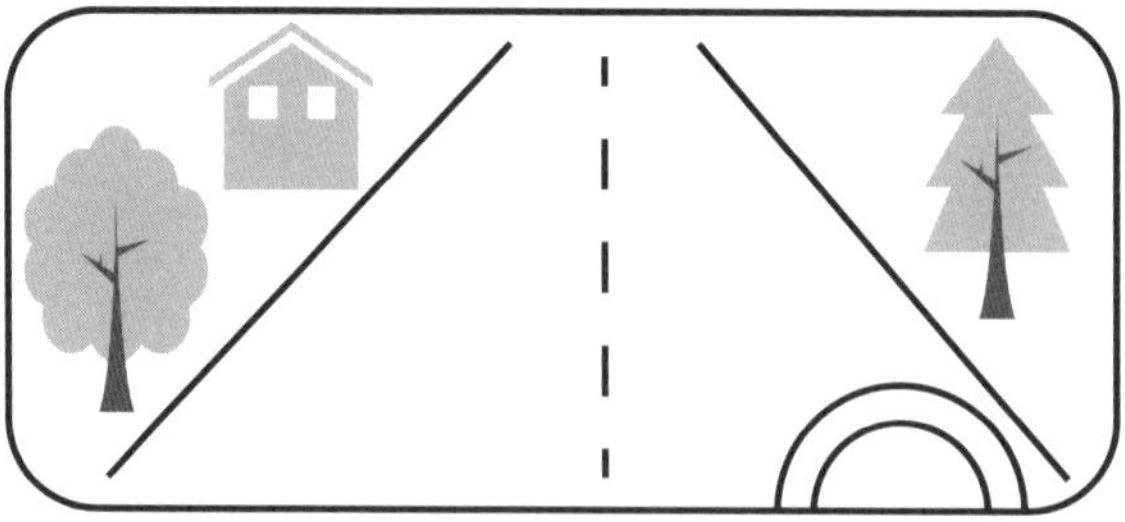

図3　車の中から見る

さて、図3について考えてみましょう。図3は、フロントガラスの中に、大きな樹木や家が入って見えています。そして道路までもがフロントガラスの中に入って見えています。ということは、穿《うが》った見方をすると、フロントガラスの中に見えている光景だけを捉えると、実際にはありえないのですが、車の方が樹木や家よりも大きい、そして「道路よりも車の方が大きい」ということになりませんか。これでは道路を走る

図4　車の外から見る

ことはできません。

　初めて車を運転しようとした時に、車がすごく大きく感じませんでしたか？　しかし、いったん車から降りて外の様子全体を見ると、図4で見るように、小さな車が道路の左側車線の中に整然と収まっていることが分かります。しかし、実際に運転しようとすると、車の中から見た目前の、フロントガラスから見える光景に惑わされてしまうのです。

　それでは何故《なぜ》、このような状況の中で車の運転ができるのでしょうか。

　それは運転する時に、図3で見える見え方を、図4で見るような見え方に、頭の中で変換しているからなのです。

　図3のものの見方は、直感的にものを見る主観的なものの見方です。前述したようにフロントガラスの中に樹木や家、道路など、見える風景の森羅万象すべてを自分の手中に収めてしまう自己中心的なものの見方なのです。世界は自分自身の手中にあり、

極めて唯我独尊の世界です。道路を走行中に、あおり運転をしたり、自分勝手な運転に走ったりしてしまうドライバーは、このようなものの見方や意識の持ち方に惑わされ、翻弄されているのかもしれません。

車を運転する時は、車の中にいても、図4のように車の外から見た見え方ができなければなりません。頭の中でものを見る客観的なものの見方が必要なのです。

客観的なものの見方とは、自分自身の外に意識を投げかけ、自分自身の外から見た真の姿を捉えようと努力することなのです。

しかし、車を初めて運転する人や運転に不慣れな人にとっては、フロントガラスから見た光景に驚愕《きょうがく》し、戸惑ってしまう場合が顕著なのではないでしょうか。これを払拭させるためには経験が必要です。例えば、狭い所を通ることができた、対向車とすれ違うことができた、というように様々な対象と対応する経験を積むことによって、自分が運転する車の本当の大きさを知り、客観的なものの見方が身に付いてくるのです。

私たちは、日常生活においても主観的にものを見ています。自分自身の過去の経験や知識、個性などを基に、自分自身というフィルターを通して外界を見ているのです。

これはものを認識する上で必要不可欠な行為ですが、自分自身の中から見るということは、否が応でも自分自身というカラーで染まったフィルターにより外の世界を見ているのです。したがって、個々人によって、同じものを見ていてもそれぞれ見え方は違うのです。何故《なぜ》なら、人間には個性があり、各々の持っているフィルターは異なるからです。

例えば、車を見た時に、赤い車、かっこいい車、スピードの出る車、怖い車、というように、個々人によって、印象が異なります。過去の経験や知識、感情などの個人のフィルターを通して見ているのです。もし、原始人がフィルターを通して車を見たとしたら、車という認識すら持つことができず、動く物体、赤い動物など、というような捉え方をするのではないでしょうか。


また、私たちは自分の背中や顔を直接見ることができません。鏡という外部の力を借りることによって、自分自身の姿を見ることができるのです。そして、他人との会話や他人との関わり合いを持つことによって、自分の性格や自分自身の特徴を知ることができるのです。

よちよち歩きの幼児から成熟した大人へ、人間が成長する過程においても、客観的なものの見方や意識の持ち方は、外部との接触を持ち、様々な社会的対応を重ねることにより経験を積み、論理的な思考や客観的な意識の持ち方を取得することができるのです。

見えない危険への対応

図5は、片側一車線の道路です。対向車線は渋滞中の停車車両があり、一方、白い車の前方には進路を阻むものは何もなく、一見何の憂慮もなく走行できるように見えます。しかし、そこには見えない危険が潜んでいるのです。

注意しなければならないのは、停車車両の陰からの飛び出しです。歩行者や自転車などが飛び出してくる恐れがあり、危険な状況です。この状況で速度も落とさずに平然と走っているドライバーは、そこに潜んでいる危険や怖さ知らずの未熟なドライバーです。

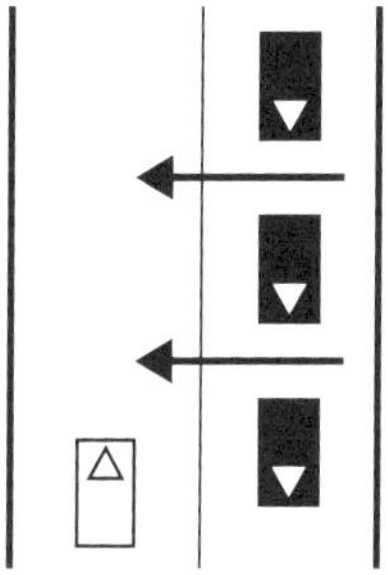
図５　渋滞中の停車車両

ベテランのドライバーは、危険を予測し、飛び出しを察知するため、対向車が乗用車の場合は、フロントガラス越しに乗用車の後方の様子を見ています。あるいは、対向車がトラックの場合は、トラックの下から足が見えないか、というように危険を回避するための手掛かりを求めようとしているのです。これらの一連の行為は、飛び出しの危険を意識することによって、無意識のうちにこのような行動が可能になるのです。そして、いつでもブレーキを踏めるように構えています。状況によっては走行位置も考慮する必要があるでしょう。

図6は、右折車に対して、直進車がパッシングをして進路を譲ろうとしている状況です。この時に、直進車の側方から走ってくるバイクに気が付かずに接触してしまう事故が、よく言われている優先権のある車両が優先権のない車両に進行をゆずった結果起こる、サンキュー事故です。

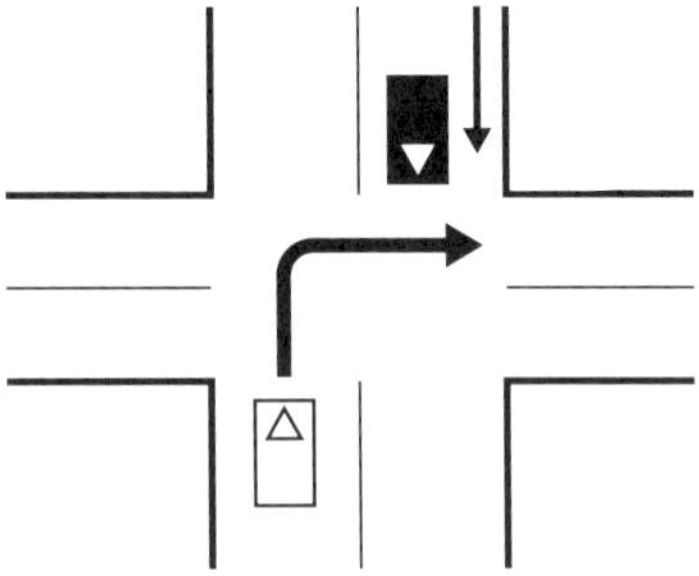
図６　譲り合い

このような事故を防ぐことができるのは、見えない危険に対応する能力です。

この時、優先権のない右折車に要求されるのは、見えない対象に対応する能力です。直進する優先車両が親切心で進路を譲ってくれても、喜び勇んで右折してはいけないのです。大切なのは、直進車の陰に隠れているバイクの進行を予測することです。目の前の状況に安易に反応してしまうのは、未熟なドライバーによく見られる行動です。

また、一方で、直進車も右折車に進路を譲る場合は、バイクの進行の有無を確認した時に、バイクの進行がないことを確認して、その上で譲り合いの合図ができれば本当の意味で親切なのではないでしょうか。これには様々な状況を察して対応できる高度な能力が要求されます。したがって、事故を未然に防ぐためには、目の前の状況のみに捉われず、客観的に状況を捉える能力が必要なのです。

道路を走行すると、様々な状況に直面し、そこには様々な危険が潜んでいます。事故を起こさない、事故に遭わない運転をするためには、目の前に現れる危険だけではなく、状況の中に隠れている見えない危険にも対応することが必須条件なのです。

コミュニケーション

人間は一人では生きてはいけません。

人と人との交渉や、情報の伝達など様々な方法によって、社会というネットワークを作り、社会環境に適応していくことによって、人間が人間として生きていくことができるのです。社会の中でコミュニケーションは重要な役割を果たしていますが、車社会においても同様に必要不可欠なものです。


車同士のコミュニケーションは、他車に対して言葉を発しても、自分の意思を有効に伝えることはできないので、言葉以外の方法で行う非言語コミュニケーションです。

その方法は、例えば方向指示器（ウインカー）によって、これから右折することや左折することを知らせる。非常点滅表示灯（ハザードランプ）を点滅させて、周囲に注意を促す。クラクションを鳴らして危険を知らせる。あるいは、後続車が追い越しをしようとしている時に、少し左に寄って進路を譲るという行為は、後続車に対する「どうぞ」という意味の意思表示です。このように、他車とのコミュニケーションは様々な状況において必要なものですが、その状況に応じて適切な意思の疎通を行うことが大切なのです。

そして、重要なのはコミュニケーションの相手は人であるということです。車を運転していると、道路上で関わり合うのは車という鉄の塊だという錯覚を起こしてしまいそうですが、運転しているのは人であり、車という鉄の塊が勝手に動いているわけではないのです。つまり、コミュニケーションの相手は人なのです。

車を見たら鉄の塊ではなく、人と思うことです。人は感情を持っています。怖いと思ったり、悲しいと思ったり、嬉《うれ》しいと思ったり、怒ったりするものです。そのため、例えば方向指示器による合図や、止まる時のブレーキランプの点灯は、周囲の人と会話をしているという自覚を持つことが大切なのです。

あるいは、片側二車線の道路で、左側の車線から右側の車線に車線変更をしたいと思った時、右側の車線が混んでいます。ここで車線変更をする時に必要な技術は、右の車線が少し空いた時に、隙を見て間隙を縫うように右の車線に進入することができるという技術ではありません。このような行為は、相手の存在を無視した稚拙な行為です。必要なのは、右の車線にいる車とのコミュニケーションをする技術です。まず、右ウインカーを点滅させて「右の車線に入れてくれませんか」という意味の合図を出します。右の車線にいる車の反応がなかったらやり過ごしますが、この後に続く車がパッシングをしてくれたり、少し速度を落としてくれたりした時は、「入ってもいいよ」という意味なので、速やかに右の車線に進入し、ハザードランプを点滅して「ありがとう」という意味の意思表示をします。

このように、他車との良好な関わり合いを持つことができるのは、人に対するコミュニケーションができるということに他ならないのです。

目的意識

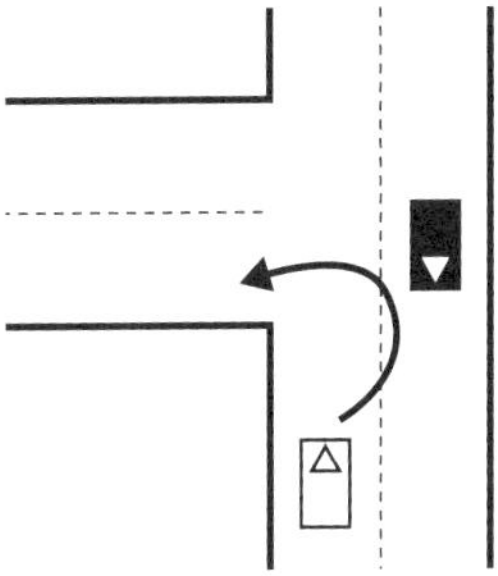
図7　右振り

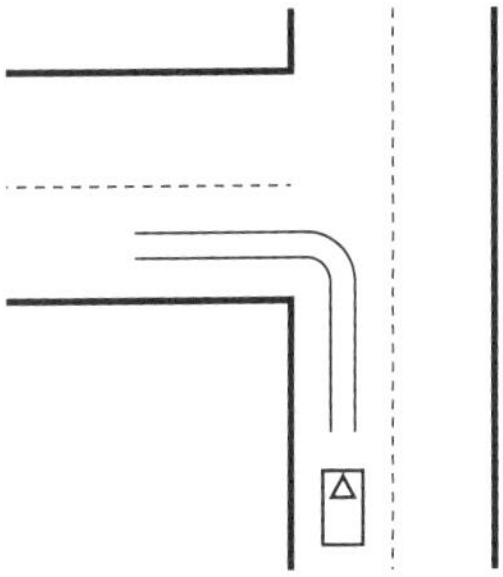
図8　仮想ライン

人間は何かを成し遂げようとする時、必ずそのための目的を持っています。

目的意識とは、目的を成し遂げるための心の働きです。

図7は、左折しようとする車によく見られる光景です。左折しようとしていますが、十分な道幅があるにもかかわらず、右に大きく膨らんで、センターラインを越えて左折しようとしています。あわや対向車と接触寸前です。左側の縁石からはみ出すのが怖くて、無意識のうちに右の方に逃げてしまうのです。自分自身の走るべき進路から逸脱し、進路を走るための目的を見失っているのです。

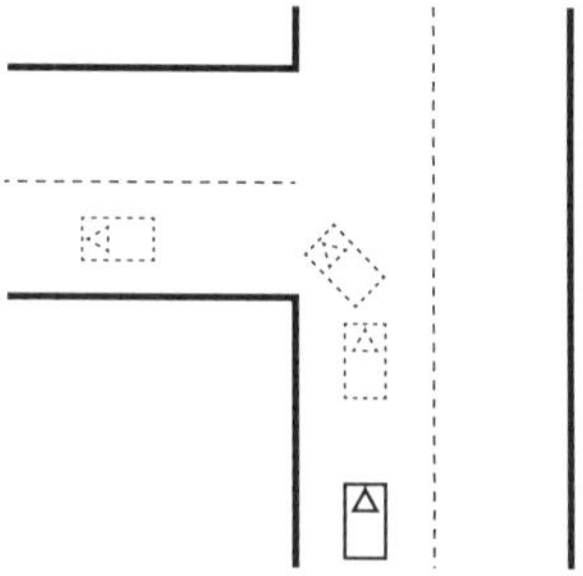

図9　仮想した車

しかし、図8のように、これから走ろうとする進路に、ラインが引いてあったら走りやすいのではないでしょうか。しかし、実際に道路上にラインを描くことはできないので、頭の中でイメージして、目で仮想ラインを描いて左折して進んでいくのです。

図9は、これから走る進路に自車を仮想したものです。自車がこれから道路をどのように進むのか、頭の中で仮想（イメージ）するのです。あとは仮想した車を目がけて走っていけばよいのです。これは、これから走る進路を自分自身で明確に意識するために行うものです。

要するに、目的は目に見えないので、目で見えるように形に表すということなのです。

大切なのは、目的である進路を見失わないことです。仮想ラインや仮想した車に必要以上に拘《こだわ》る必要はありません。これから走る進路を見失わないように、進路に目を流していけばよいのです。その際、目先だけの進路に限らず、進路の手前からできるだけ遠くの方まで、何度も目を流しておくとよいでしょう。目を流しておくという行為は、これから起こそうとする行動のリハーサルです。リハーサルをしておけば、そこを通るのは初めてではないのです。既に知っているわけですから行動を容易にすることができるのです。

道路を走行すると、危険な対象（自転車やバイク、対向車、曲がり角の縁石など）に遭遇した時、対象に意識を奪われ、車の中から見える自分の車の大きさに惑わされ、危険から逃げようと考えてしまいます。しかし、危険から逃げるのではなく、安全な進路に行けばよいのです。車を自分自身と考え、自分の走りたい進路に走って行くという確固とした意識を持つことが大切なのです。

既に持っている能力

車を運転する能力は、車を運転しなくても既に持っています。

私たち人間は、生まれながらに行動を起こしています。「熱いものに手を触れると急いで手を引っ込める」「強い光を急に目に当てると瞳孔が縮む」というような反射による行動は、生まれつき備わっているものでしょう。

また、ものを見る、音を聞く、肌で感じる、においをかぐ、というような感覚は、先天的に備わったものであり、車の運転には不可欠な要素です。


私たちが、日常生活において行っている様々な行動は、生まれつき得られたものだけではありません。

人間が成長する過程においては、まず幼児が養育者から養育を受けることから始まって、成長すると共に、家庭、学校、職場、社会などの様々な環境からの影響を受け、学習し、環境の変化に適応することによって、行動能力が経験的に高められ拡大していくのです。

このように、私たちの行動能力は、経験の蓄積によって取得する場合が多数を占めています。そしてこれらの能力は、車の運転をするための大切な要素となります。

例えば、日常生活において、歩いたり走ったり、キャッチボールをしたり、バスや電車に乗ったり、というような様々な行動は、車を運転した時の車の大きさや、車の進行方向、車の走行中の速度、他車との距離感を捉えるなど、基礎的な能力として、備えているものです。

また、走行中の速度や状況に対して、「危ない」「怖い」などと感じる情緒的なものは運転を制御する上で必要なものですが、車を運転しなくても既に持っている能力です。

運転が上手《うま》くなるまでのステップ

運転が上手《うま》くなるまでのステップは、一気呵成《かせい》に得られるものではなく、単純なものから複雑なものへ、易しいものから難しいものへ、というように、低い次元から高い次元へと段階的に高められていくのです。

①「車を自分自身として考えられるようになる段階」

初めて車を運転しようとすると、その車自体が気になってしまいます。まだ車が自分自身になっていないので、ただの物であり、車を他人として考えている段階です。

例えば、曲がる時にハンドルを回そうと意識しています。当たり前だと思うかもしれませんが、ベテランのドライバーは、曲がる時は、曲がることだけを意識して曲がっています。ハンドルを回すことは意識していないのです。なぜなら車が自分自身になっているからです。自分自身であるハンドルを意識する必要はないのです。

しかし、車を初めて運転する人や車に不慣れなドライバーは、車が自分のものになっていないため、運転する時に操作する装置を意識してしまうのです。したがって、車を止める時はブレーキを意識し、すれ違いをする時は自分の車を見てしまうのです。
このような意識の持ち方を克服するためには、経験を積むことです。
経験によって、自然に、いつの間にか車が自分自身になっているのです。

②「動かない対象に対応する段階」

ここで対応する対象は、ガードレールや電柱、人が乗っていない駐車車両などの動かない対象に対するものです。走行中の車の場合は、相手のミスで相手の車が飛び込んできて事故になる場合がありますが、動かないものが対象の場合は、人の存在しないただの物なので、自分自身のミスがなければ接触することはないし、事故が起きることもないのです。

この時点では、他車の速度や距離を推し量って行うすれ違いなどは、未熟で十分な自信が持てない段階です。

③「動く対象に対応する段階」

ここで対応する対象は、歩行者や自転車、バイク、人の乗っている駐車車両、自動車などです。

狭い道路から交通量の多い優先道路に合流する場合は、相手の速度や距離を読み取る能力が要求されます。動く対象に対応できれば、これらを可能にすることができます。

また、動く対象の場合は、こちらが正常な状態で走っていても、相手が飛び込んできて事故が起きてしまう場合があります。しかし、それとは逆に自分自身がミスを犯し、相手の車に衝突しそうになった時に、相手が避けてくれたために事故を免れる場合もあります。つまり動く対象とは相手との関わり合いであり、すべて人が関わり合っています。

つまり、運転しているのは人であり、ドライバーなのです。人は心を持っています。動く対象への対応は、相手の気持ちを読み取り、相手と交渉をすることが大切なのです。例えば、すれ違いの時、相手が先に行こうとしているのか、自分が先に行っていいのか、この時の判断は、お互いの速度や距離を見極め、相手の気持ちを読み取り、相手との交渉を持つことが要求されるのです。

また、優先道路を走行中に、路地から出てきた車が優先道路に飛び込んでくる可能性があります。この時に必要なのはドライバーの目を見ることです。こちらに気が付いていれば問題ありません。相手を知ることによって相手のこれからの行動が読めるのです。

あるいは、走行中に前方を走っている自転車があり、その自転車の先には駐車車両があります。当然自転車は駐車車両を避けるために、駐車車両の脇を通るという行動を起こすことになりますが、それを予測することができずに、自転車の側方を通過しようとした時に、その自転車が、駐車車両を避けようとして、いきなり自車の前方に躍り出てきて驚愕《きょうがく》してしまうのは初歩の段階です。自転車だけに意識を奪われていると、自転車の先の駐車車両が見えないのです。

この段階では、様々な経験を積むことによってこのような予測が容易にできるようになるのです。

④「見えない対象に対応する段階」

ここでは、対象が物陰に隠れ、直接目で見ることができない対象に対応する段階です。対象を目で見ることができないので、多面的な推理能力や予測能力が要求されるのです。

例えば、「駐車車両の陰からの飛び出し」「右折時に、対向の直進車であるトラックの陰に隠れているバイクに気付かずに、トラックの直後を曲がったための衝突事故」

「車線変更をした時に、自車の死角部分に隠れていたバイクとの接触事故」「冬の山道で、カーブの陰に隠れている路面凍結によるスリップ事故」など、数え上げるときりがありませんが、このような事象に対応するためには、見えない対象を見る能力が要求されるのです。つまり頭の中で見る能力です。状況の中で推理し、予測する能力を鍛えることが大切なのです。

⑤「道徳的な対応ができる段階」

法律を守ることの意義や、社会的意義を理解し自分を律することができる段階です。交通社会での他車との関わり合いは煩わしいものですが、経験を重ねることにより、他車の立場を考慮した対応が可能になるのです。そして他車との協調によって良好な交通状況を作り出すことができるのです。

人間は、目先の欲求や衝動に駆られて行動を起こす場合がありますが、その行動が誤った行動なら大きな代償として跳ね返ってくるでしょう。例えば、交差点通過時に、赤信号に従わず大きな事故を起こしてしまうのはその一例です。赤信号に対して自分自身を抑制できずに起こしてしまった事故です。その根底には、目先の利益と時間を追い求め、少しでも早く目的地に到着しようと、自分自身を駆り立て、焦る気持ちが誤った行動を招いてしまったのではないでしょうか。

大切なのは、目先の欲求に惑わされず、どんな状況に直面しても、常に冷静に、心に余裕を持った良識のある行動が求められるのです。

私たちは、往々にして損をするからとか、得をするからというような基準で行動を起こす場合がありますが、すべてそのような価値観で行動を起こしているわけではないのです。例えば目の前で、手を差し伸べればその人の命を救うことができるのに、その人を見殺しにしてしまったら……後悔し、自分の心を苛《さいな》むことになるでしょう。

私たちには、理性があり、善良な心や道徳的な心が備わっています。

この段階は、良心や道徳的な心に基づく対応ができる段階です。

知識

物理学が得意。歴史をよく知っている。政治に詳しい。……というようなことだけが、知識があるということではありません。例えば、おなかが空いていても、食べ物を得るための知識がなかったら、空腹を満たすことができません。あるいはテレビを見たくても、電源を入れることを知らなければテレビを見ることができないし、言葉を知らなければ、会話をすることもできません。このように考えると、知識とは、学校で勉強することや頭をひねって学習することだけではなく、私たちが日常生活の中で行っている行動にも、常に知識が関わっていることが分かります。

運転ができるのは、運転をするための知識を持っていて、運転を直接体験することによって、運転をするための技術を獲得しているからです。

運転を直接体験するということは、体で体得する学習です。

物は落下する。地球は自転している。水は氷点下になると凍る。これらは自然法則による必然的なルールです。このような法則に左右されるのは、私たち人間だけではありません。動物が厳しい自然の中で生き延びることができるのは、自然界でのルールを知り、生き延びるための術《すべ》を学び、そのための行動を獲得することができるからです。もし、これを無視すれば、それに見合った制裁を受け、自然淘汰《とうた》されるのです。例えば崖から飛び降りれば死ぬ、物に勢いよくぶつかれば怪我《けが》をする、というような知識は動物にも備わっているのです。

車の運転では、「カーブを曲がると遠心力が働く」「走行中にブレーキをかけても車はすぐに止まらない」「速度が速ければ速いほど衝突した時の衝撃は大きい」というような自然法則に基づき、状況に応じてハンドルを回したり、アクセルを踏んだり、ブレーキを踏んだり、というように、状況を目で見て、耳で聞いて、肌で感じて、感覚を通して直接体験することによって、運転技術を体得することができるのです。

交通社会は、社会規範の上に成り立っています。

動物が、自然法則に服従し、本能によって行動しているのに対し、私たち人間が動物と異なるのは、英知によって厳しい自然環境を克服し、本能や欲望を理性によって制御することができる点にあります。

人と人とが共存するためには、そのための秩序を築き、社会を形成し、それを維持するためのルールがあります。運転を直接体験し、体得するのは自然法則の上に成り立っていますが、交通法規は頭で理解し学習する必要があります。そして実際に車を運転して、知識を深めていく学習であるといえます。

自然法則は、必然的に従わなければならないルールです。例えば、カーブを曲がるための速度が、限界を超えて走っていれば必ず事故を起こします。

交通法規は、運転という行動を律するためのものですが、そのルールを守らなくても、運がよければ、それで済んでしまう場合があります。そのために捕まらなければいい、というような安易に考えるドライバーが時に見受けられるのではないでしょうか。

しかし、すべてのドライバーがルールを守らなければ、道路上は無法地帯になってしまいます。混沌《こんとん》とした悲惨な状況です。そのため、一人ひとりの遵法精神やモラルが要求されるのです。また、どんなに車を操作するための技術が優れていても、ルールを守らずに、自分の思うままに走っていれば、いつかは大きな事故を起こしてしまうでしょう。

●知識により技能を会得する

運転は、体で体得するだけではなく、知識によって会得することもできるのです。

「ハイドロプレーニング現象」：特に大量の雨が降った時に、タイヤと路面の間に水膜ができて、ハンドルもブレーキも利かなくなり、水上スキーのように滑ってしまう現象です。

「スタンディングウェーブ現象」：空気圧の低いタイヤで高速走行すると、タイヤが波状に変形し、加熱して最終的にタイヤがバースト（破裂）してしまう現象です

「フェード現象」：長い下り坂で、フットブレーキを頻繁に使いすぎるとブレーキの装置が高熱になり、車輪を制御するための摩擦が生じなくなり、ブレーキが利かなくなる現象です。過去に、静岡県の山間部で観光バスの横転事故が起きていますが、フェード現象が生じたことが事故の原因といわれています（『交通安全ニュースＭｏｎｔｈｌｙ Ｒｅｐｏｒｔ』２０００年10月より）。

このような事故を防止するためには、エンジンブレーキ（トラックの場合は排気ブレーキも含む）とフットブレーキを併用し、特に山間部ではカーブも多いので、速度を十分に減速し、慎重に坂を下っていくことが必要です。

「ベーパーロック現象」：長い下り坂で、フットブレーキを頻繁に使いすぎると、そ

の摩擦熱でブレーキオイルが沸騰し、気泡が発生することにより、ブレーキペダルを踏んでも気泡がその圧力を吸収してしまい、ブレーキが利かなくなる現象です。

「ホワイトアウト」：雪と風によって、吹雪や地吹雪で視界が奪われ目の前が真っ白になる現象です。身動きが取れなくなってしまいます。気温が低く雪の質が軽く舞いやすい時に、強風が吹くとこの現象に見舞われやすいので要注意です。もしこの状況に遭遇したら、周囲の車に十分注意し、ハザードランプを点滅させて車を停車させます。また、このような状況に遭わないためにも天候や経路設計なども考慮しておくことが必要でしょう。

「ブラックアイスバーン」：昼間に積もった雪が溶けた時や、雨が降った後、夜間や明け方の冷え込みで道路が凍結してしまう現象です。一見すると、濡《ぬ》れた路面のように黒く見えますが、実は路面が凍結しているのです。ブレーキを掛けてもなかなか止まらないので注意が必要です。特に橋の上は、気温が低くなるので要注意です。

「コリジョンコース現象」：別名、「田園型事故」ともいわれています。周囲が田畑や平野のような見通しのよい場所で、直角に交わる交差点で起きる出会い頭の事故です。双方の車が直角に同じスピードで交差点に向かって進行すると、四五度の位置になり、視覚特性により相手の車が止まっているように見えてしまい、そのまま交差点に進入し衝突してしまうという事故です。見通しがよいので、油断してしまい大事故になる危険性を孕《はら》んでいます。また、四五度という角度は、フロントガラスの両脇にあるピラー（支柱）の位置に当たるので、相手の車が死角に隠れてしまい、相手の車が見えないまま交差点に進入してしまうことも考えられます。対処方法としては、交差点に近づいたらコリジョンコース現象を意識し、頭や目線を移動し視点を変える。一時停止の標識や標示のある場所では、交差点に進入してくる車が無いと思っても、あるいは止まっているように見えても、交差点に進入する前に必ず止まることが大切です。

（ＺＵＲＩＣＨ　チューリッヒ保険会社　コリジョンコース現象　https://www.zurich.co.jp/car/useful/guide/cc-collision-course/　１行目から9行目まで引用）

以上、知識により会得する技能として羅列しましたが、運転は、直接体験するだけではなく、本を読んで知ることや、知人との会話、ニュース、その他様々な方法によって、情報を収集することにより、知識を技能へと反映させ、技能を高めていくことができるのです。

コンプライアンスの重要性

人間は社会的動物といわれています。

人間が他の動物と区別されるのは、理性の働きに支えられている点にあります。

ある日、エデンの園を歩いていたイブは、蛇にそそのかされて禁断の果実（善悪の知識の木の実）を食べてしまいました。イブはアダムにも食べさせてしまったのです。『旧約聖書』の「創世記」では、これが神の命令に背いた人間が最初に犯した罪といわれています。

しかし、様々な罪を背負うことになったといわれている人間には考える能力としての理性があります。人間が社会の中で生きていくためには、人間が築き上げた秩序と規律があり、私たちが平和な日常生活を送るためにはルールとしての社会規範を守る必要があるのです。規範は破られることが前提にあり、人の良心のみに任せておくことができないため、法は国家権力によって社会生活の秩序を守ることが必要なのです。

「正義の女神は一方の手には権利をはかる秤《はかり》を持ち、他方の手には権利を主張する剣を握っているのである。秤のない剣はむきだしの暴力であり、剣のない秤は法の無力

である」（イェーリング）（『権利のための闘争』イェーリング／小林孝輔、広沢民生訳　日本評論社　1978年）

社会規範の中には道徳、礼儀なども含まれた様々な法律や規則があります。例えば日本国憲法や道路交通法、就業規則、住んでいる地域の決まり事など周囲を見渡してみると、守らなければならない規範（ルール）がたくさんあります。非常に窮屈になってしまいますが、ルールは多様な人が社会の中でより良い生活ができるように作られたものであり、自分自身を保障するためのものでもあるので、ルールは守らなければならないのです。しかし、ルールの中には実情に合わなかったり、時代遅れであったりするものもあります。矛盾しているようなルールもあります。その場合はルールそのものをみんなで相談して変えていけばよいのです。

決められたルールは守らなければなりません。ルールを遵守しようとする意識を持つことは大切なことです。例えば交通法規にしても、捕まらなければ違反をしても構わないというような次元の低い考え方ではなく、自ら率先して事故防止に貢献しているという意識を持つべきです。

最近、企業においても不祥事が起こるたびに重要視されるのがコンプライアンスです。

社会の信頼を得るため、法令を遵守することが、企業にも個人にも求められているのです。ルールを守る人は自己管理が徹底している人、信頼のおける人とみなされ、個人の意識の在り方が企業倫理や企業モラルとして評価され、企業価値を高めることになるのです。

交通社会においても考え方は同様です。

人間である以上、意図せずして犯す過ちは誰しもありますが、もし意図的に信号無視をしたり、しょっちゅう事故を起こしていたり、ましてやあおり運転などを恒常的にしていたら、ドライバーとしてだけではなく、社会人としての社会的価値に烙印《らくいん》が押されるのではないでしょうか。

交通社会においてもルールを守ることができる人は、社会においても信頼のおける人であり、社会においても社会的価値の高い人に他ならないのです。

ハインリッヒの法則

ハインリッヒの法則は、「1：29：300の法則」ともいわれています。一つの重大な事故の裏には29の軽微な事故があり、さらにその裏には300のヒヤリ・ハット（ヒヤリとしたり、ハッとする危険な状態）があるという経験則のことで、米国の損害保険会社で技術・調査部の副部長をしていたハーバート・ウイリアム・ハインリッヒが研究・執筆し、その成果をまとめたものです。ハインリッヒの法則は労働災害の事例の統計を分析した結果によるものですが、労災などの事故の防止だけでなく、様々な側面に応用されるようになってきています。

ハインリッヒの法則は、交通事故防止の観点からも学ぶべき教訓として応用されています。

悲惨な重大事故は絶対に防がなければなりませんが、事故は突然やってくるものではありません。事故が起きる前には前兆があるはずです。大切なのは事前に対策を講じることです。300のヒヤリ・ハットは、事故に至る前の状況に対する判断や操作のミスによるものです。事故にならなかったのでよかったなどと安易に考え、一過性のもので終わりにするのではなく、たとえ事故に至らない小さなミスでも見逃してはならないのです。なぜならその小さなミスが、重大事故の前兆であり、重大事故に姿を変える可能性が潜んでいるからです。そのためミスを犯した原因を究明することが必要です。そしてその不安行動の原因を改善し、安全行動に変換すればよいのです。

例えば、対向車と接触しそうになってヒヤリ・ハットした。その原因は、知人から携帯電話に電話がかかってきたため、携帯電話を凝視してしまい、意識を奪われ、ふらついてしまったためのミスでした。その対策としては、この次からは、運転をする前にマナーモードにしておく、あるいは電源を切っておくなどの対処方法が考えられます。

このように事故に至る前の小さなミスであっても、その改善策を考え、300のヒヤリ・ハットの段階で重大事故への連鎖を断ち切っておくことが重要なのです。

29の軽微な事故の場合は、既に事故を起こしてしまっているので注意が必要です。重大事故に近づいているので、重大事故への警鐘と考えてよいでしょう。これまでの運転を振り返って、思い当たるところがあれば改善していくことが必要です。運転に焦りがないか、生活習慣に変化はないか、視力は衰えていないか、体調は常に良好な状態を保っているかなども考慮し、自分自身に合った無理をしない運転を心がけるようにするとよいでしょう。

無意識による運転

私たちが起こしている行動は、すべて自分自身が分かっていて、自分自身の明確な意識の上で行っていると思いがちですが、実際は無意識で行っている行動の方が多いのです。

人間の起こす行動の大部分は無意識によるものだと言われています。

例えば、歩く時、右の足を出したら次は左の足を出す、などと意識をしないはずです。歩こうと思うと無意識で両足を交互に出す動作ができているのです。食事をする時の箸を運ぶ動作や、文字を書く時のペンや鉛筆を動かす動作も同様に無意識で行っているのではないでしょうか。

無意識にも、深い無意識と浅い無意識があります。前述のようなものは内省すれば意識できる浅い無意識です。内省というのは自分の内側を見るということです。自分は今何を考えているのだろうと考え、意識することです。

また、欲望や攻撃性、不快なものへの忌避、良心などは深い無意識の領域です。思い出そうとしても思い出せない、意識しようとしても意識できないものです。しかし現実的な意識は社会に適応するための機能を備えています。より良い方向に意識を変えることは可能なのです。

物事を覚えようとする時、例えば、仕事の手順などを覚えようとする時は、最初のうちは何も知らない白紙の状態なので、先輩にその手順を教わり、必要があればメモを取りながら頭の中で覚えようとします。この時点では、考え、意識しないと仕事の手順をこなすことができない初期の段階です。しかし、同じことを何回も何回も繰り返しているうちに、いつの間にか何も考えずに、意識しなくてもできるようになるのです。そしてその仕事の内容を高めていくことができるのです。

物事を覚えるということはそういうことなのです。

車の運転においても同じことが言えるのです。最初はハンドルや、アクセル、ブレーキなどの車の装置を操作することを意識していますが、何回か操作しているうちに、慣れてきて自分のものにすることによって体得し、意識しなくてもできるようになるのです。そのことによって周囲の状況がよく見えるようになるのです。次の段階では、曲がったり、止まったりというような状況判断が無意識にできるようになり、徐々に高度な対応ができるようになります。例えば、前方を走っている自転車を追い抜こうとする時、自転車がいきなり転倒しないかとか、前方の駐車車両の陰からの飛び出しがないかどうかなどを、運転しながら無意識で考えられるようになるのです。そして飛び出しに対処するために、駐車車両——の下から足が見えないか見ている——のガラス越しに人が出てこないか見ている、駐車車両の左側からも人が出てこないか見ている、というような行動も無意識にできるようになるのです。

このように、与えられた状況の中から様々な危険を想定し、突発的な事象にも対応することができるのです。

過去の危険に対する経験は、潜在意識に蓄積し、体得しているのでそれを汎用化《はんようか》させ、無意識で対応することができるのです。

ここで注意しなければならないのは、運転しながら携帯電話を操作したり、通話をしたり、運転以外のことに意識が囚《とら》われていると、物陰からの飛び出しの予測などのレベルの高い無意識での運転ができません。レベルの低い稚拙な運転に戻ってしまうのです。

価値観

商品には「価値」があります。その商品の持つ基本的な価値や付加価値などです。また、商品に費やされた労働が商品の価値を決めるという理論があります。商品が消費者の欲求を満たすという使用価値や、商品をお金と交換できるという交換価値などがその例です。

価値観は、物質的なものや抽象的なもの、つまり、車や所持品、ファッション、善・悪、美しい、正しい、というようなものに対する考え方です。価値観には個人差があり、生まれ育った環境や、成長していく過程における体験などによって醸成されていくのです。

私たち人間には個性があり、人それぞれ考え方が違うし、価値観も違います。考え方や価値観の違いによって対立する場合もあります。しかし、すべてがそうではないのです。生理的欲求、安全欲求、所属と愛情欲求、自尊欲求、自己実現欲求（マズローの欲求5段階説）などの欲求は、誰もが持っている普遍的な価値観です。

大局的には価値観が一致していても、枝葉の部分で食い違い対立する場合がよくあります。例えば、知人と食事をする場合でも、洋食にするか和食にするかの選択で対立することがあります。あるいは、行楽で海に行くか山に行くかで対立したり、エアコンによる部屋の温度の調節で意見が合わずに対立したり、というように日常生活では些細《ささい》なことでトラブルになる場合があります。

価値観とは何でしょうか、例えば、ある人が旅行に行きたいと言います。しかし他方の知人は旅行に行きたくないと言います。この時に、あの人とは価値観が合わないと言います。旅行に行きたい人からすれば、旅行に行けば風光明媚《めいび》な景色を見て感動し、旅館またはホテルでは美味《おい》しい料理を堪能し、心を満たしてくれる、というような価値を見出《みいだ》しているのでしょう。しかし、他方の知人は旅行に興味がなく関心がないので、そのような価値観を持てないのです。それでは、旅行に行くのがいいのか、行かない方がいいのかを決める価値観とは何か、それは、その人の心を動かすための尺度なのではないでしょうか。

交通社会においても同様で、ドライバーにはそれぞれ個性があり、価値観は様々です。例えば道路を走行する場合でも、速く走りたい人やゆっくり走りたい人、片側二車線の道路で、右側（追越車線）を走っている人や左側（走行車線）を走っている人、ブレーキをかけるのが、遅い人や早い人、というように運転の仕方は個人差があります。

ドライバーの中には、最愛の人が危篤状態であるという知らせを受けて、急いで走行している場合もあるでしょう。あるいは前方の交差点を右折するために、片側二車線の右側を走行しているというドライバーもいるでしょう。それなりの事情があり、それなりの走り方をしている場合もあるので、他のドライバーの一挙手一投足を捉えて批判的になる必要はないでしょう。寛容になることも必要です。

また、ドライバー個人の自由意思に任せていると、交通の秩序は崩壊し、自由奔放な運転が跋扈《ばっこ》してしまうので、そのためにルールがあるのです。ルールは守らなければ意味がありません。制限速度で走っている車に対して、車間距離を詰めて走行するようなことは避けなければなりません。自分自身では速度が遅いと思っても、ルールを遵守することは必要な行為です。どちらの方が価値のある行為なのかを考えなければなりません。したがって、良識のある行動を取る方を優先させるべきです。

価値観は、目で見ることもできなければ、手で触れることもできません。

それは人間の持つ心の作用によるもので、その場に応じて最善な対応、最適解を導き出して臨機応変に対応することが要求されるのです。

良好な社会的対応を行うためには、自分自身の価値観を主張するのと同じように相手の価値観も尊重しなければなりません。それは車を運転する時にもいえることです。

普通の関係

私たちが、対面交通の道路で、何気なく対向車とのすれ違いができるのは、対向車を運転しているドライバーが、普通の人で普通の状態であると考えているからです。もし、そのドライバーが、正常な状態でないと考えたら、対向車とのすれ違いをすることはできません。つまり、私たちが対応する相手は普通の人なのです。

ここでいう「普通の人」とは、悲しい時に悲しいと感じたり、嬉《うれ》しい時に嬉しいと感じたり、怖い時に怖いと感じたりすることができる人です。個性がないということでもありません。また、身体の不自由な人やＬＧＢＴの人たち、あるいは多数よりも少数の人たち——を含めないということではありません。当然——も普通の人です。

車を運転する上で普通ではないということは、置かれた状況の中で、正常な行動が取れないという意味です。

普通の人とは、危険な状況を見た時に、「危ない」「怖い」と感じたり、速度が「速い」「遅い」と感じたりします。進路変更や右左折などの合図の時期が「早い」「遅い」というようなことが、普通に感じることができる人です。当然、運転する時には普通の対応ができる人でなければならないのです。

「普通」という感覚は、幼児の頃からの社会的対応の中で養われていきます。まず養育者との対応によって、そして家族や学校、会社や社会などの環境の中で、個々の人間が形成され、多くの人と関わりながら普通の対応ができるようになるのです。

私たちが対応する相手は普通の人です。普通の人との契約の上に運転が成立しているのです。

しかし、普通の人とは、絶対に過ちを犯さない人や絶対に人に迷惑をかけない人、欠点のない人をいうのではありません。普通の人である以上、うっかりミスを起こしたり、居眠りをしたり、脇見をしたり、自分勝手な行動をしてしまったり、というようなことが起こり得ます。私たちは人間である以上、完璧《かんぺき》ではないのです。

したがって私たちは、普通の対応ができなければならないのですが、それと同時に、普通の人であるために起こすミスに備えなければなりません。具体的には、見落としや信号無視、逆走などにも注意が必要です。常にそのための備えと事故回避に努めることが重要です。

予期せぬ出来事

東から日が昇り、西に日が沈む。物は地上に向かって落下する。このような事象は、いにしえの昔から延々と当然の結果のように起きています。同じことが連綿と続くと、それが常識になり、必然となります。

しかし、それが未来永劫《えいごう》絶対に続くという確証はありません。明日も同じことが続く確証もないのです。科学的根拠も絶対とは言えないのです。人間は、過去を知り、過去を見る（宇宙に輝く星は何光年も過去のものです）ことはできますが、今よりも先の未来を見ること、予測をすることは容易ではないのです。

ＶＵＣＡは、米国で軍事用語として発生した言葉です。将来の予測が困難な状態という意味です。現代は将来の予測が困難で、「ＶＵＣＡ（ブーカ）時代」と呼ばれています。

地球温暖化による異常気象、地震、山火事による大火災、新型コロナウイルスなどの未知のウイルスによる恐怖。今までの常識が通用しない事象が起きています。今までの常識が非常識になり、非常識が常識になりつつあるのです。しかし、このような状況を克服するためには、その中で最善と思われる行動を選択し、実行しなければならないのです。(『GLOBIS CAREER NOTE』より引用)(https://mba.globis.ac.jp/careernote/1046.html)

車の運転で危険を防止し、事故に遭わないためには、危険予測は必須条件ですが、予測を超えるような不測の事態が稀《まれ》に起きることがあり、運転する時は普段から不測の事態に対応できるよう心がけておくことが必要です。

例えば、高速道路での逆走や歩行者の横断、落下物との衝突など、このような出来事は大事故を招く恐れがあるので、もし、このような事態に直面した場合は、慌てずに対処することが大切です。運転中の視線はできるだけ遠くに向けて、危険をいち早く知ることが重要です。普段から不測の事態も考慮に入れて、心の準備をしておくことが事故防止のための重要な要素です。

手で触れることのできないもの

朝、起きて顔を洗う、それから食事をする、その後に歯を磨く、これは日常生活の一コマです。これらの行動は、直接目で見て、手で触れて行う直接的な行動です。

しかし、私たちは、こうした直接的な行動よりも、直接見ることができないものや、手で触れることのできないものに対して行動することの方が多いのです。

例えば、電車で出かけようとする時、駅まで行くことを考えます。当然のことですが、目の前に駅や電車がなくても、見えなくても、頭の中で駅を目指して行けば駅はそこにあるし、駅に着けば電車が来て、電車に乗れることが分かっているからです。

また、貨幣（お金）がなかった時代の必需品を手に入れる方法は、物々交換という物と物を交換する直接的な方法でしたが、貨幣が生まれ、価値を持つ貨幣が、物との仲介的な役割を果たすことによって、欲しい物を自由に手に入れることが可能になったのです。今はもっと進化しています。オンラインショッピングなどは、お金を手にしていなくても、物理的な直接対応をしなくても、欲しい物を手に入れることができる便利なシステムです。その他にも暗号資産の取引やサービス、インターネットを駆使した様々な利用方法などがあります。これらは目で見ることのできない、手で触れることもできない無形のものであり、抽象的なものです。

キャッシュレス時代の今ではこのような事柄は、日常生活の中で日常的に行われていることであり、必要不可欠なものです。

運転においても、優先道路が渋滞している時の合流は、一台ずつ交互に優先道路に合流するファスナー方式による譲り合いによって、その状況を円滑に対処することができるのです。これはお互いのドライバーの暗黙の了解によるものです。

このように様々な交通場面においても、他車との意思の疎通を図ることによって、他車との交渉が成立するのです。

また、状況の中から危険を察知し、予測する行動は、直接見ることができない、手で触れることができないものの中から生まれるのです。

次に紹介する三つのエピソードは、車の運転に関わるドライバー自身に焦点を当てた物語です。

車は、使い方を誤れば、事故という災いをもたらしますが、その反面、本来の用い方をすれば、生活を豊かなものにし、人生を謳歌することができるのです。

しかし、それはすべて車を運転するドライバーが担っているのです。ドライバーも一人の人間であり、そこには様々なドラマが存在するのです。

なお、これから記述する三つの物語は、すべてフィクションです。

運転への憧れ

あれから十数年後、運転が大好きな青年は、今大型トレーラーを運転しています。車の運転が大好きな青年は、特に大きな車の運転が大好きで、それが夢であり、憧れでもあったのです。そのため、資格年齢がくると、大型免許を取得し、そしてけん引免許の資格も取得したのです。しかし彼は、「俺はなぜ、大きな車の運転が大好きで、憧れているのだろう」などということは微塵《みじん》も考えたことはないのです。

しかしある時、突然、何のきっかけもなく、十数年前に起きた幼少期の衝撃的な出来事を唐突に思い出したのです。青天の霹靂《へきれき》でした。

幼少の彼は、好きなお菓子を買うために駄菓子屋さんに行こうとしています。しかし、駄菓子屋さんに行くためには、目の前に立ちはだかる片側一車線の道路を横断しなければならないのです。時々車の通行があり、幼少の彼は、車の速度や距離に対する認識能力が稚拙なため、道路を横断するのが怖くて仕方がないのです。車が遠くに見えていても速度が速いために道路を横断できないのか、車が通り過ぎてから横断すべきなのか、車が来る前に横断できるのか、その判断は幼少の彼には難易度が高く、いつも躊躇《ちゅうちょ》し戸惑ってしまうのでした。

何とか道路を横断してようやく駄菓子屋さんに辿《たど》り着き、好きなお菓子を買うことができました。さて、家に帰るためには、また目の前に立ちはだかる道路を横断しなければなりません。

道路を横断しようとした時、大きな物体が走ってきたのです。大型ダンプカーです。しかし幼少の彼には大型ダンプカーに対する知識は皆無です。彼にとっては、大型ダンプカーは大きな物体なのです。その大きな物体は時々間をおいて道路を通り過ぎていくのでした。彼はその大きな物体に興味を持ったのです。その物体は怪物なのか、それとも車なのか。もし車だとしたら、あんな大きな物を人間が制御（運転）できるものなのか、と好奇心を持ち疑問を持ったのです。

一度疑問を持ち好奇心を持ち始めたら、それを抑制することはできません。

怪物なのか人間が制御しているものなのか、なんとかそれを確認する方法はないか、考えたのです。

「そうだ、これを投げつけて反応を見てみよう」と思った彼は、地面に落ちている石ころを拾い上げたのです。

「大きな物体が走ってきた。今がチャンスだ」と思いました。しかし、怖くて石ころを投擲《とうてき》することができないのです。「もし怪物が襲ってきたらどうしよう」。石ころを投げて反応を確かめたいという好奇心と怖さが拮抗《きっこう》しています。

「次の日にしよう」

その後、次のチャンスが巡ってきたのです。やはり怖い、勇気がない、今回もダメでした。

「この次は必ずやってみよう」

そして、三度目の正直でチャンスがやってきたのです。

「今がチャンスだ」。彼は意を決して石を投げたのです。

カチン、カランカラン、石は見事に物体に当たったのです。

その刹那《せつな》、キーと音がして大型ダンプカーが急停車したのです。そしてドライバーが車から降りてきました。

幼少の彼は、「物体は怪物ではなく、車だったんだ。しかも人が運転できるんだ」と、思いました。そして衝撃のあまり固まって立ち尽くしてしまいます。

「何やってんだこの野郎」

大型ダンプカーのドライバーが罵声を浴びせます。

「しょうがねえな、おめえ家どこなんだ」

幼少の彼は指を指して、

「あっち」と言います。

ドライバーは周囲を見回して、

「今度からやるんじゃねえぞ」と言って立ち去って行ったのでした。

彼は心から感動し、大きな車を操ることのできるドライバーに敬意を表したのです。

そして、大きな物体の正体は、人間が制御できる車である、ということが証明できたことの満足感と成就感は、心に深く刻まれる衝撃的な出来事だったのです。


この体験は、青年の幼少期の一幕です。このような幼少期の体験は、忘れ去られてしまうことが多いのですが、心の深い部分に記憶されると、憧れや感動に対する欲求は、無意識のうちに自我（今の自分）に抽出されるのではないでしょうか。そして行動に影響を与え、行動を促すのです。そしてある日突然、今まで眠っていた幼少期の出来事が、何の予告もなく鮮明に思い出されることがあるのです。

ここでは、フロイトの「精神分析の生まれるまで」を引用しながら催眠術後の暗示の実験について記述します。

被験者を催眠術にかけておいて、翌日の一定の時刻に、傘を部屋の中へ持ってきて広げるという行動することを命令します。被験者は目が覚めると、通常の状態に戻り、その命令を全く記憶していません。しかし、翌日の指示された時刻が近づくと被験者は不安になり、その時刻には命令を実行するのです。

実験者が「何故《なぜ》そんな行動をしたのか」と聞くと、被験者は「天気予報が雨だったので、傘が傷んでないか心配になって調べようと思った」などと、もっともらしい返答をするのです。被験者はごまかしで答えたのではなく、主観的には正直に答えたのです。これが彼の行動の動機だと真面目に信じているのでした。しかし観察者は催眠状態において彼に与えた命令を知っており、行動の真の原因は催眠時の命令によるものです。この実験は、人間の行動の原因は本人が考えているものとは異なっていることがあり得るということと、自覚しない無意識的な力が存在することを意味しているのです。（『フロイト入門』「フロイトについて」精神分析の生まれるまでより引用）

このように人間の行動は、自分自身の意識や、自分自身の自覚による行動だけではなく、無意識的な力が行動の源泉となり、無意識的な力が行動を促していることが分かります。

命を懸けた運転

ある会社の社長の運転の話です。

性格的には短気、偏執的で強気、あまり他人の言うことを聞かず、自己主張が強く、自分の考えを他人に押し付ける。自分に対し過剰に自信を持っている。頑固で攻撃的です。

恐怖政治により、粛清を繰り返し、人々を虐殺し、数千万人の犠牲者を出したというソビエト社会主義共和国連邦のスターリンは、主治医によってパラノイア（偏執病）と診断されていたようです。偏執病によって他人が自分を批判しているという妄想を抱くものの、明晰《めいせき》で理論は一貫しており、独裁者に起きがちな疾患とする指摘もありました。

勿論《もちろん》、スターリンの性格がこの会社社長の性格と同列ではありませんが、偏執病という病気があり、その傾向があるということで記述しました。

社長の彼は、短気なので部下に対して、少しでも意に反することがあると、周りを気にせず罵声を浴びせるのでした。部下に対して、面倒見がよく好意的に接することもあるのですが、時として性格が出てしまうのです。

仕事は手早く、どんな仕事でもそつなくこなしてしまう。

車の運転は、技術的には人並み以上に優れています。しかしルールを守って走ろうという意識が欠落しているのです。スピード違反などは常套《じょうとう》手段です。

一般道路を、「今日は百二十キロで走ってきたよ」などと自慢げに吹聴しているくらいなのでルールを守ろうという意識は希薄なのです。ルールを守るということは、みんなで決めたことは、それに従おうということなのですが、彼の場合は、会議などでも多数の意見を受け入れるというよりも、自分の意見を頑なに主張し、強引に引っ張っていくタイプなので、自分が主役なのです。したがって、ルールというみんなで決めたことや、型にはまった行動を取ることは不得手なのです。

しかし、会社の掲示板には、安全運転の励行や、法令の遵守などをスローガンとして掲げているのです。社長自らが模範を示さなければ絵に描いた餅であり、従業員も安全運転や遵法運転に対する意識は希薄になってしまいます。

ワンマン社長である彼の傍若無人な運転を、誰も注意できないし、止めることもできないのです。過去に運転免許取消処分を受け、免許を取得し直したようですが、そのようなことがあっても、運転に対する取り組み方は変わらないようです。

しかし、傍若無人な彼の運転ですが、過去に交通事故を起こしたことがないのです。常に危険を伴うような速度で走行していても、事故を起こさないタイプのドライバーが稀《まれ》にいますが、彼もその一人です。彼にとってみれば、運転に対する能力が優れているため、通常の速度はストレスを感じる速度なのです。

彼は、運転に対する身体能力と人並み以上の運転技量によって、危険な状況に直面しても、それを回避してきたのでしょう。

しかし、交通社会のルールを無視すれば、いつかは必然的に報いを受けるのです。

事故は、車が大破し原形をとどめないほどの大事故で、彼は一瞬で命を失ったのです。享年六十八でした。相手は大型トラックで、自車は乗用車です。事故の経緯は、自車が優先道路を時速百キロを超える速度で進行していたことが、衝撃の大きさから想定されました。脇道から出てきた相手の大型トラックが、優先道路を横切るため、優先道路に進入してしまい、自車の乗用車と衝突したという事故です。

事故の原因は、双方にありますが、優先道路を走行していた自車の速度超過にも問題があります。

相手の立場に立って考えてみると、優先道路を横切ることができるかどうかの判断は、左右からの車が来ないかどうかの判断なのですが、その判断を下す根底には、その状況の想定速度による判断が関わってきます。つまり、優先道路が一般道路であれば、法定速度である時速六十キロ以下で走行しているだろうと考えるのが妥当なところです。左右の安全確認をする場合も、その想定速度の距離に視点を合わせるので、時速百キロを超える速度の距離まで視点が届いていないため、見落とされる可能性が高いのです。また、優先道路上の車の確認ができたとしても、かなり遠くにいる車が、時速六十キロで走ってくると想定しているので、時速百キロを超えて走っている車の存在は誤認しやすいのです。

これまでは、周囲の寛容さに救われていたのですが、起こるべきことが起きてしまったのです。

運転とは、交通社会との関わり合いであると、改めて認識せざるを得ない出来事でした。このように交通社会のルールを無視すれば、必ず因果応報を受けるのです。

彼なりの運転手法に拘《こだわ》りがあったのか、何らかの価値観を見出《みいだ》そうとしていたのか、しかし、まだ余りある人生、不本意な最期が悔やまれます。あまりにも虚《むな》しいです。

あおり運転

十九歳の彼は、最近、初心者マークを外すことができました。ヒステリー性格の彼は、自己顕示性が強く派手なことを好む性格です。したがって、車の運転もそれなりです。目立ちたがり屋なので、速度はいつも超過ぎみ、カーブでタイヤを鳴らして派手に走行する、というような運転です。免許を取って間もないということもあり、運転に慣れてきて、今が一番楽しい時期でもあるのでしょう。ヒステリー性格の彼は、他車との関わり合いの中で、時々トラブルを起こすことがあるのでした。

ある時、走行中にトラックが彼の目前に割り込んできたのです。彼はプライドを傷つけられたと思い許すことができません。憤慨し、トラックが停車したことを見計らってドライバーに抗議をしに行きました。ところが意に反して、敗残者のようになってすぐに引き返してきてしまったのです。どうやら相手のドライバーが屈強な体《たい》躯《く》をしており、強気なタイプだったようです。彼は強気と弱気が混濁した性格で、相手が弱気な性格だと分かると徹底的に攻めるのですが、相手が自分より強そうに見えると、戦わずしてすぐに白旗を掲げてしまうのでした。

またある時、走行中に脇道から軽自動車が彼の目前に飛び出してきました。彼は驚いて急ブレーキを踏んだのですが、飛び出してきた軽自動車のドライバーは「ごめんなさい」の挨拶もせずにそのまま走り去ってしまったのです。彼は激怒し、興奮状態です。片側二車線の左側を走っていた彼は、追いかけて片側二車線の右側を走行中の軽自動車に追いつき、その前方に出る瞬間、思い切ってハンドルを右に切ったのです。その瞬間、運転の技量が未熟な彼は、手元が狂って軽乗用車に接触させてしまったのです。しかし憤怒の興奮が冷めやらぬ彼は車から降りていって、

「何やってんだこの野郎、なんで謝らないんだよ」

と、言いました。相手ドライバーは、怖がって恐縮している様子です。

彼は、「しょうがねえな、金払ってやるから降りてこいよ」と強気です。

相手ドライバーは、動転し、怖さのあまり、「いいです」と言います。

彼は、「本当にいいのか」と言い、相手ドライバーは肯《うなず》くのでした。

また彼は、ある時、走行中に前方を走っている車に追いついたのです。前車は制限速度よりも速度が少し遅く、車種は黒塗りのベンツです。彼の通常の速度から考えるとかなり遅い速度です。ヒステリー性格の彼は、我がままで、我慢し、耐えるということができないのです。彼はベンツに接近し、車を左右に揺さぶってあおるのでした。そしてとうとう耐え切れず、追い越しざまに幅寄せをして行ったのです。ベンツはブレーキを踏ませられる形になります。その後信号に引っかかり、彼が信号待ちをしていると、ベンツが追いつき、車を降りた四人のいかつい男たちがこちらに迫ってきています。

「やばい」と彼は思いました。彼は車から引きずり出され、腹に膝蹴りを食らいます。間髪を入れず顔面を殴打され、引き倒され、四人に足蹴りにされ、袋叩きにあったのです。体はボロボロです。しかも小指まで詰められてしまったのです。

若気の至りとはいえ、大きな代償を払う羽目になってしまいました。

その後の彼の運転は、抑制のきいた運転に変化していったようです。

彼の強気と弱気の性格が混在する中で、弱気の部分が行動の抑制を促したのでしょう。弱気タイプの性格の時、彼は内省過剰型になるので、トラブルが起きた時に、自分が悪くなくても、自分の方が悪いと思ってしまう傾向がありますが、友達が困っている時などは、親身になって考え、頼りがいのある人です。

また、彼が強気タイプの性格の時、ヒステリーで勝ち気、目立ちたがり屋で見栄っ張りな性格面が、積極的に安全運転を志向することを願いたいものです。

運転とは何か

車の運転とは、要約すると「相手との対応によって、自分の行きたいところへ行く」ということです。

「相手」とは何かというと、運転する時に対応する対象です。それは歩行者や自転車、バイク、自動車、ガードレール、電柱、というように自分以外のあらゆるものが対象です。例えば、走行中に駐車車両があればそれを避けなければなりません。つまり駐車車両は対応する「対象」であり、「相手」です。

次に、「自分」とは何かというと、自分の運転している車ということです。その場合、自分の運転する車と、自分自身の体が一体でなければなりません。つまり車のボディが自分自身の肉体であり、運転している自分自身は、肉体の頭脳の部分です。要するに車という物体が自分の体だと思えばよいのです。

次に、自分の行きたいところへ行く、「行きたいところ」とは何かというと、自分の行きたい目的地です。

車の役目は、荷物や人を目的地まで運んで行くことなので必ず目的地があるはずです。ただ単にドライブをする場合は、道路を走ること自体が目的になります。目的地のない目的になります。あるいは数メートル先の道路が目的地と考えてもよいでしょう。

まとめると、「相手との対応によって、自分の行きたいところへ行く」ということは、「歩行者や自転車、自動車、電柱などの相手と対応することによって、自分という車の行きたい目的地に行く」ということです。

車としての価値

車は、私たち人間が運転をしなければただの物にすぎません。つまり石ころや、机やイスと同じ、ただの物、物体なのです。私たち人間が運転することによって、そこで初めて車としての価値が生まれるのです。

私たち人間も、もし、心という観念的なものが体に備わっていなければ、体はただの物体であり、肉の塊にすぎません。心が脳という物質から生まれるものなのかは明確ではありませんが、肉体に心が宿った時、肉体と心が一つになることによって、そこで初めて一人の人間としての価値が生まれるのです。

私たちは、生まれた時から心は備わっています。そのため、喜んだり、悲しんだり、きれいな花を見た時に美しいと思ったり、何かを考えたりというように、人間としての行動が可能になるのです。

車の価値は、運転する人の人格が反映されます。

人はそれぞれ個性を持っています。個性を持っている人が運転するのですから、その人の個性が車に乗り移り、車の動きに現れるのです。したがって、車の価値を高めるのも、貶《おとし》めるのも車を運転するドライバー次第なのです。

交通社会の終焉《しゅうえん》

最近では、ＡＩの技術を駆使した自動運転技術が大幅に進化し、交通社会を席巻するような兆しが見えてきています。実証実験などを重ねて、無人運転を可能にするための運転レベルが高まってきています。

いずれは遠くない未来に、人が車を運転するということが過去の時代になるのではないでしょうか。次の世代を引き継ぐ人たちが「昔は人が車を動かしていたんだよ」などと語り草になる時代が来るのかもしれませんね。少し寂しい気がしますが、それが現実です。

世の中はどんどん変わっていくのです。この世の中のありとあらゆるものは、現状に止《とど》まるところなく、変化し続けるのです。

もし、自動運転の交通システムが完璧《かんぺき》なものになれば、交通事故は皆無になるでしょう。事故が起きるのは、人為的なミスによるものだからです。

つまり、人間が運転するから事故は起きるのです。人間は、錯覚を起こしたり、勘違いしたり、焦ったり、感情が不安定な状態で運転することもあります。このような人間的な要素が事故を起こす原因となります。人間は常に過ちを犯すのです。

自動運転による交通システムが完璧《かんぺき》なものになれば、人間的で煩雑な気配りもいらないし、あおり運転もありません。もはや交通社会ではなく交通システムです。無味乾燥な世界です。

とはいえ、現状では車を移動させるためには、まだ人の力が必要です。これからもしばらくは、周囲に気配りをしながら、事故を起こさないように運転しなければならないのです。人による運転技術が必要なのです。

例えば、私たちが美味《おい》しいものを食べられるのは、社会のインフラを支えているドライバーたちのおかげです。また、ドライブをして楽しい時間を過ごすことはもちろんのこと、買い物や通勤で交通が不便な土地で移動する場合などは、車を運転する必要があるのです。

速度と恐怖感

私たちの運転における速度とは、周囲の対象物に対する自車の移動のことを言います。

移動するということは、時間が関わってきます。短い時間で移動すれば速度が速いと言います。長い時間で移動すれば速度が遅いと言うのです。

感覚的には、観察者から車を見た場合、あっ、という間に車が通り過ぎた、見ている時間が短い。これが速度が速いと言い、速度が速いと思うのです。逆に、速度が遅い場合は、車がなかなか通り過ぎていかない、もたもたしている、いつまでも見ていられる。これが遅い速度であり、速度が遅いと思うのです。この場合は、観察者が主体となり、車は対象となりますが。

つまり速度とは、対象物との関わり合いなのです。

したがって、自車の周囲に宇宙空間のように何もなければ速度はゼロです。関わる対象物がないので速度を感じることができないのです。周囲に何もなければ、どんなにアクセルを踏んでも速度を感じることはできないのです。

感じる速度というのは、周囲の状況によっても異なります。

例えば、車の進路に障害物があり、車が通るのにギリギリで最徐行しなければならないところを、時速二十キロで通過してしまったら、感覚的にはかなり速度が速いと感じるのではないでしょうか。それに怖いです。

一方で、時速百キロで走ることのできる高速道路で、時速六十キロで走っていたとしたら、かなり遅い速度だと思うでしょう。じれったいと感じる速度です。

このように考えると、時速二十キロが遅い速度で、時速六十キロが速い速度ではないのです。時速二十キロの方が、時速六十キロよりも速い速度で、時速六十キロの方が時速二十キロよりも遅い速度なのです。

速いと思う速度は「怖い」と感じる速度です。

このような速度の感じ方は、幼少の頃から体得しているのです。

物が自分の方に飛んできた。頭にぶつかって痛い。こぶができた。また物が飛んできた。今度は前よりも二倍くらい速いスピードで飛んできた。衝撃力は速度の二乗に比例するので前よりも四倍痛かったかもしれませんね。こぶも四倍になっているかもしれませんね。それと同時に、物が頭にぶつかって痛い思いをしたので、速度の怖さも実感することができたのです。このような体験により、速度などの自然法則の知識は幼少の頃から学習しているのです。

速度は相対速度です。

片側二車線の道路で、自車と相手車両が併進して走行している場合は、基本的には速度はゼロです。もし双方が接触しても大事には至りませんが、片側一車線の道路で対向車と衝突すれば、自車の速度プラス対向車の速度なので衝撃はかなり大きく、大事故を招くでしょう。

速度に対する恐怖感は運転時の速度を抑制する効果があります。

速度による事故を防ぐためには、怖いと思ったらすぐに速度を落とすことです。怖さをあえて無視するのは無益な行動であり、何の意味もなく蛮勇を奮っても仕方がないので、無理をせずに早めに減速し、安全を確保することが大切です。そのためには、遠くに視線を向け、早めに危険を察知し、少しでも怖いと思ったり、不安を感じたりしたら早めに減速をすることが大切です。

速度に対して怖いと感じることは、危険を回避し、事故を防ぐためのシグナルであり、危険から身を守るためのシステムなのです。

自分自身の感性を信じることが交通事故を回避するための重要な要素です。

混沌《こんとん》・対立・協調

私たちが良好な人間関係を持ち、友達になったり、親しく付き合ったりすることができるのは、その人との交際によって、その人の性格を知り、理解し、お互いに共感を持つことができるからです。

対応する相手が初対面の時、その人を知るために、その人がどういう人で、何を考えている人なのか、というように、相手の考え方や価値観を引き出そうとしますが、この時点では相手を何も知らない混沌《こんとん》とした状態であるといえます。

お互いの交渉や交際を深めることによって、仲たがいやトラブルが生じ、その結果、相手を無視し、絶交する場合もあるでしょう。しかし本当に相手を知るということは、自分自身を主張しながら、様々な交渉を持つことによって、相手の内面的な部分を深く十分に知ることなのです。

ある意味では、お互いの腹の探り合いであるといえますが、お互いに自分自身を主張することによって、相手の価値観や考え方を引き出すことができるのです。

このように、本質的に相手を理解することができるのは、対立によるものであるともいえます。

そしてお互いの価値観や考え方を理解することによって、相手の立場に立って物事を考えることができるようになり、両者の協調的な関係が成立するのです。

車社会においても同じことがいえます。

車の運転を始めた初期の段階は、まだ運転手法が確立していないので、どのように他の車と交わったらいいのかよく分からない状態です。ただミスを犯さないように一生懸命に走っている、それが精一杯なのです。この時点では混沌《こんとん》とした状態です。

徐々に運転に慣れてくると、余裕が出てきて運転が楽しくなる時期です。運転に自信もついてきます。そして自己主張も目立つようになります。速度超過をしたり、他車との交渉でトラブルを起こしたりする場面が増えてきます。交通事故が多いのもこの時期です。初心を忘れているのです。この時点では対立的な段階です。

熟練した段階では、様々な経験を積むことによって、自分の運転手法が確立する時期です。過去の失敗なども生かされ、良好な運転姿勢が醸成されるのです。運転を焦って事故を起こしてもつまらない、安全運転を心がけようと認識し、運転に余裕が出てきて、周囲の交通状況を考慮した運転ができるようになるのです。他車との交渉もそつなくこなし、煩雑な交通場面に直面しても、他車との譲り合いや協力し合うことによって、良好な交通環境を作り出し、協調的な対応ができるようになるのです。

目で見ることと意識すること

目は、物を見て外界の状況を知るための感覚器官ですが、「見る」という行為そのものが重要なことではなく、視覚的に得た外界を、脳の中にインプットすることによって外界の状況を知る、あるいは理解するということが、最も重要なことであり、有意義なことなのです。つまり目は、物事を認知するための道具にすぎません。

人間が行動を起こす場合、目は視覚として、情報を知るための感覚として大きな役割を担っています。

車を運転する場合も、目によって決まるといっても過言ではありません。

目は心の窓、あるいは目は口ほどに物を言う、という言葉がありますが、相手が何を考え、何を意識しているのか、目を見れば読み取ることができるのです。

それは、目と意識は密接な関係にあるからです。状況を認知し、その中から必要な事象を選択し、抽出するのは、目と意識の供応によるものです。

もし目を閉じてしまえば、意識がいくら頑張っても、目の前が真っ暗になってしまい、何も見ることができません。しかしもう一方で、目をしっかり見開いていても、目を対象の方に向けて頑張ってみても、意識が働かなかったら、それを認知することはできないのです。

運転中の他車との交渉は、相手ドライバーの目の動きを読み取ることが重要です。目を見ることによって、相手のこれからの行動を読み取ることができるからです。もしかしたら相手ドライバーが、居眠りをしているかもしれません、あるいは、相手ドライバーとの交渉が必要な時に、ドライバーであるあなたの存在を見落とされているかもしれません。それは目を見れば分かるのです。

また、運転中は、茫然《ぼうぜん》として状況を見ているのではなく、しっかり意識して見る、という行為が必要です。そのためには、精彩を欠くようなことがないように、常に体調管理などにも留意することが大切です。

意識の働き

物思いに耽《ふけ》っている時、ぼんやりとして心ここに在らずという時に、意識はいったいどこにあるのでしょうか。それは何かを考え、思い込んでいるその中にあるのではないでしょうか。

意識とは、何かに執着し、何かを考え、何かを意図した時に、その中に投げ込まれるのです。

本を読む時に、そこに書いてある文字を読むことができるのは、文字の意味を理解し、その内容を知ろうとする意識が働くからです。もしその意識がなかったら、文字に目を向けていても、ぼんやりと黒い塊が見えるだけで、文字を読み取ることはできません。

あるいは、物を持つ、歩くなどの行動も、そのための意識を持つことによって、物を持ったり、歩いたりできるわけで、勝手に手や足が動くわけではありません。

つまり、目的の物を持ちたい、目的の場所に歩いて行きたいという意識を持つことによって、手や足が無意識に動くのです。意識を持てば手や足は自然に動くのです。

何かを成し遂げたいと思った時、その中に意識を投げかければよいのです。

しかし、歩く場合でも、路面が凍結していたり、水たまりがある道路を歩く場合には、転んだり、水たまりに入ったりしてしまわないように、無意識を顕在化させ、足の運び方やどこに足を運んでいくかなどに意識が向けられるのです。

運転が習熟してくると、無意識的に車を動かすことはできますが、状況によっては難しい対応が迫られる場合もあるので、その場合はしっかり意識を呼び起こし、自覚を持った運転が要求されるのです。

次に紹介するエピソードは、老紳士が運転する途上で遭遇する苛烈な出来事を描いています。

また、最後のエピソードは、一人の青年が車を運転中、追突事故を起こしてしまいます。その追突事故をきっかけに、思わぬ事態へと発展していきます。

車の使用目的は有効活用ですが、時として災いをもたらすことがあるのです。しかし、陰の部分ばかりを見ていても致し方ないのです。本来車は私たちの生活を支援し、幸せをもたらすものでなければならないのです。

また、ここでの物語は、すべてフィクションです。

悪夢

八十七歳の老紳士の話です。

彼の性格は、几帳面《きちょうめん》で、社会の慣習を尊重し、常識を重んじるタイプです。平たく言うと、堅物です。しかも強気な性格なのです。

先日、若いお兄さんが、彼の目の前でタバコをポイ捨てしたのでした。彼は黙って見ていることができません。

「タバコは灰皿に捨てなさい」と指摘したのです。

注意された若者は彼を一瞥《いちべつ》し、睨《にら》みつけてしぶしぶタバコを拾って立ち去って行ったのでした。彼は、公序良俗に反するような行為は許すことができないのです。

有名な商社を退職してからは年金生活で余生を過ごしています。二人の息子は巣立って各々家庭を持ち、それなりの生計を立てているのでした。

したがって、日常生活は、妻と水入らずの二人だけの生活です。生活のパターンはやはり規則正しいのです。パターンが決まっていた方が楽だし、彼にとっては心地がよいのです。

まず朝五時に起きます。それから紅茶を飲みパンを食べて、そしてジョギングに行くのです。それからシャワーを浴びて、その後は、車を運転して図書館に行き読書をします。それが彼の日課なのです。

「それじゃ行ってくるよ」

図書館に行くために、妻にひと言声をかけます。

妻が、

「大丈夫、気を付けて行ってね」と言います。

妻は彼が以前軽い脳出血のため、薬剤を用いた治療を受けたことがあるので心配しています。また最近、車を物に軽くこすったこともあるので、少し不安もあります。以前は全くなかったことが起きているのです。

「大丈夫だ、心配するな」

彼は意気軒昂《けんこう》で矍鑠《かくしゃく》としています。

しかし、この数分後に、心を震撼《しんかん》させるような重大事故を起こしてしまうのです。

「ああ、君か」

彼は丸二日間昏睡《こんすい》状態だったのです。そして意識を取り戻したのでした。

看病に来ていた妻は、

「あなた、気が付いたのね」と、涙ながらに彼の手を強く握るのでした。

「ここはどこなんだ」

「〇〇中央病院よ」

「どうしてここにいるんだ、そうかまた脳出血が再発したのか」

と彼は独《ひと》り言《ご》ちるのです。

「……」

妻は言葉を選んで、言葉を発しようとしますが、彼は問わず語りを始めるのでした。

「怖い夢を見たよ」

「図書館へ行く途中で、駐車しているトラックの陰から子供が飛び出してきたんだ。咄嗟《とっさ》に急いでハンドルを切ったので子供を避けることができたが、交差点が近づいてきていて信号が赤なんだ。止まろうとしてブレーキを踏んだが止まらない。むしろスピードはどんどん速くなっている。そして横から走ってきた軽トラックに衝突して、軽トラックは横転したよ。その後、反動で対向車に衝突したんだ。そして今度はその反動で駐車車両に衝突した。その間ブレーキを強く、強く踏んだが止まらないんだよ。

そして次は対向車に衝突し、その反動で左側の電柱に衝突してやっと止まったんだ」
「悪夢だった」

彼の話の一部始終を聞いた妻は、「悪夢だった」という言葉に、愕然《がくぜん》とし、言葉を発することができず茫然《ぼうぜん》自失するのでした。

彼は自分が起こした現実が夢に入れ替わってしまったのです。

あまりにも衝撃的な事故であったために、過激なショックを受け、このままでは自我が壊れてしまうので、自我を守るための心理的な防衛反応が働いたのです。

このような事故は、事故当事者が責められるべきものですが、事故の被害者は勿論《もちろん》、加害者も不幸です。

事故防止のため、ソフト面での対策も必要です。しかし、身体の不自由な人や、過疎地で足代わりに車を利用する人もいるので考慮する必要があるのです。

ハード面では、ＡＩの技術を駆使した事故防止システムの開発などは十分可能であり、喫緊の課題です。

プラス意識とマイナス意識

私たちの生活にもプラス意識とマイナス意識が密接に関わっています。

例えば成功と失敗、成功がプラス意識で、失敗がマイナス意識です。

つまりプラス意識とマイナス意識は対立し、正反対の意識です。安全と危険、好きと嫌い、快感と不快感、安心と不安、美味《おい》しいと不味《まず》い、その他にも例を挙げるときりがありませんが、プラス意識は好感の持てる意識、マイナス意識は忌み嫌う意識です。


何かの行動を起こす時には、マイナス意識をプラス意識に変える作業が要求されます。

例えば、字を書く時に、失敗しないようにと考えるのは、マイナス意識ですが、これを正しく書こうと視点を変えて考えればよいのです。これはプラス意識です。

つまり物事を成し遂げるためには、マイナス意識をプラス意識に変えればよいのです。

運転にもこのような意識の変換が働きます。

マイナス意識は奔放な行動を抑制するために働きます。例えば、速度を出し過ぎると怖い、怖いから速度を落とすというように。

しかし、運転は、マイナス意識とプラス意識の変換によるものです。

前述の速度が怖いから速度を落とすという行動は、正確に言うと速度が怖いから安心できる速度にするということです。

つまり、速度が怖いから怖くない速度にする、安心できる速度にする、安全な速度にするということです。

このように、運転はマイナス意識からプラス意識への反転なのです。運転は常にこの動作の繰り返しです。そしてマイナス意識は体を硬直させてしまいますが、プラス意識は体をリラックスさせることができるのです。怖い思いをすれば、体が固まってしまいますが、安心することができれば、体がリラックスし、心地よい快適な状態になることができるのです。

実際に運転する場面では、例えば、前方に駐車車両があれば駐車車両に衝突したくないので避けるという行動を起こします。この時の避けるという行動を安全なところへ行く、という行動に変えなければならないのです。安全なところとはどこかというと、駐車車両がない道路で、これから走る進路の部分です。

このように、運転は、常にマイナス意識とプラス意識が関わり、意識を反転させる作業が要求されるのです。

もう一つのリスク

車を運転するということは、様々なリスクを考慮しなければなりません。信号無視や追突、逆走など、様々な交通場面で、被害者としてのリスクを考えなければなりません。

しかし、もう一つの重要なリスクは加害者としてのリスクです。

私たちは、普段はリスクを被る方の立場として考えているのではないでしょうか。勿論《もちろん》、加害者になることは、絶対に避けなければなりませんが、私たちは人間である以上、立場が逆転することもあり得るのです。人間は完璧《かんぺき》ではないのです。そのことについてあまりにも他人事で、安易に運転をしているのではないでしょうか。運転する場合は、そのための心構えと覚悟が必要なのです。

仮に、大事故を起こして被害者を傷つけ、死に至らしめることになれば、決してあがなえるものではありません。そして、被害者のみならず残された家族にも精神的苦痛と悲惨な思いをさせることになるのです。車は便利なものであり、楽しみを与えてくれるものでありますが、その反面、車は走る凶器であるといわれるように、車を運転する人の心の持ちようによっては、車は暴走し狂暴になり得るのです。

本来は、車が公道を走ることは禁止されているのです。そのため、車を安全に運転する技術と、知識を持つと認められた人にだけ、与えられるのが運転免許証なのです。つまり道路を走るための許可証なのです。このことをドライバーは肝に銘じておかなければならないのです。

また、交通違反も犯罪であり、本来なら刑事処分を受けるのですが、道路交通法では特例として、交通反則通告制度を設けているので、反則金を収めることにより処理されるのです。

公道としての道路を走行し、運転している限りは、自分自身が、交通違反や交通事故を起こす渦中の人間にならないという絶対的な保証はないのです。

したがって、運転中は事故に遭わないための防衛運転と、自分自身が事故を起こさないために、心身ともに健全であることと、油断せず、自信過剰にならないように心がけることが必要です。

事故防止のために、必要以上に意識過剰になる必要はないので、余裕のある運転を心がければよいのです。車の運転によって不幸をもたらすことがあってはならないように。本来、車の運転は楽しいものであり、幸せをもたらすものでなければならないのです。

追突事故

個人投資家の彼は、昨夜は調べ物をしていたため、運転中にもかかわらずつい居眠りが出てしまうのでした。前方に見える信号が赤になり、ブレーキをかけます。前方に信号待ちをしている軽自動車が停車していて、その後方に停車するためにブレーキをかけました。しかし、車が停止する直前に、車が止まったと思い込み、目を閉じてしまいました。その瞬間、コツンと、前方の軽自動車に追突してしまったのです。急いで車から降りて軽自動車のドライバーに声をかけます。

「大丈夫ですか、すいません」

軽自動車のドライバーは女性でした。

彼女は少し驚いた様子で彼の方を見ています。

「怪我《けが》はないですか」と彼は彼女に声をかけます。

「大丈夫です」

「とりあえず先の方へ車を止めましょうか」彼は促します。

そして、彼が警察に連絡し、事故処理を済ませます。

車の損傷は、軽自動車のバンパーが少しへこんだ程度です。

それから、彼女に免許証を見せ、住所と電話番号を控えてもらいます。そして、彼女の住所と、名前と電話番号を教えてもらいます。保険会社にも連絡をして、彼女に彼の携帯電話を渡して保険会社の担当者に修理の話をしてもらいます。

一通りの事後処理が終わったので、

「体の方は本当に大丈夫ですか、むち打ち症になっていないですか」

「大丈夫です。むち打ち症になるほどのショックはなかったですから、あまり気にならないでください」

「会社の方にも迷惑をかけてしまいましたね」

「会社の方には連絡を入れていますので、了承済みなので大丈夫です」

そして、彼女の体が、事故の影響を受けていないか心配だったので、彼はその日の夜に謝罪に行きました。

それから数日後、彼女から車の修理が終わったという連絡をもらいました。彼女はあまり規模の大きくない建設会社の事務をしていて、雑用で車を使うこともあるので、運転免許があれば重宝なので免許を取ったということでした。免許を取る時は、父親は交通事故が心配なので、娘の身を案じて反対していたようです。

彼女は冗舌で、社交的で開放的、活発で誰とでも気軽に話ができる、物怖じしない性格です。一方の彼は、あまり社交的ではありません。ナルシストのようなところもあります。人と接することが不得手で、要領よく振る舞おうとするのですが、気を使いすぎてしまうところがあるのです。そして一見クールで、貴族的な雰囲気を持つ彼は、性格的に彼女と相性がよいのです。

彼女との話の流れで、

「今回のお詫《わ》びのしるしに、食事でも行きませんか」ということになりました。

彼女は、

「それならドライブに行きましょうよ」と提案します。

「いいけど、どこへ行きたいの」

「海がいいわね」

「冬の海」と彼が言います。

「そう、朝早く行きましょう」

彼の自慢の車のＳＵＶで彼女を迎えに行きます。夜明け前なので周りはまだ薄暗い状況です。彼女はデニムとピーコート姿で待ち合わせ場所に佇《たたず》んでいます。

彼女の要望で、大洗の海に向かいます。大洗は彼女が幼少の頃の思い出の場所のようです。大洗は、海水浴だけでなく、水族館もあるので幼い彼女の心を満喫させることができたのでしょう。

走行中に彼が、

「事故のことでお父さん、怒っていなかったですか」と聞きます。

「あ、それは大丈夫、あなたが誠意を持って対応してくれたので、むしろあなたに好感を持っていたようですよ」

「それを聞いて安心しました」

「タバコ、吸っても大丈夫」と彼女に尋ねます。

「どうぞ、大丈夫ですよ」

「タバコやめようと思っているんだけど、時々吸いたくなっちゃうんだよね」

「タバコを吸うと鼻毛が伸びるんですよね」と彼女が言います。

「あ、そう、感じたことないけどね」

「私の友達が、女友達だけど最近タバコを吸うようになったら鼻毛が伸びて困ると言っていたの」

「へえー、どうして伸びちゃうんだろうね」

「タバコを吸うと、埃《ほこり》とか悪い空気が鼻腔《びこう》に入ってきたと思って、空気清浄機の鼻毛が役目を果たすために伸びるんですよ」

「女性は、鼻毛って伸びないんでしょう」

「それは家系によるみたいですよ」


そうこうしているうちに大洗に到着です。

二人は駐車場に車を止めて浜辺に歩いて行きます。彼女は海が見えてきたとたん、波打ち際に向かって走って行きます。そして波に合わせて前に行ったり後ろに行ったり、波と戯れているのです。早朝の海は人っ子ひとりいなくて、森閑としています。潮の匂い、そして潮風が頬を掠《かす》めていくのです。それがとても心地よいのです。

彼女に声をかけます。

「海を見ていると気持ちがスッキリして、心がおおらかになったような気がする」

「私もそう思う。だから来てよかったでしょう」

「煩悩が洗われるような気がするよ」

二人はいつしか手をつないで波打ち際を歩いています。

すると遠くの方から爆音が聞こえてきます。同時に馬鹿野郎……と、何か罵声を浴びせているような声も聞こえます。

どうやら暴走族が僻《ひが》んでひやかしているようですが、通り過ぎて行ったようです。

しかし、二人は全く気にならないのです。

彼女が、

「あなたに追突されなければ、こういうことにはならなかったわね」

「国民栄誉賞をもらいたいね」

「懲役三十年でしょう。私に迷惑をかけたうえ、私をかどわかしたのだから」

「それはちょっと厳しすぎるね」

「今日はすごく楽しかった。この次も、どこか連れてってくれますか」

「勿論《もちろん》、この次も、その次も、ずーっとだよ」

引用・参考文献

沢田允茂・黒田亘　編　『哲学への招待』　有斐閣

佐藤徹郎　著　「認識の問題」

藤澤賢一郎　著　「社会とコミュニケーション」

内田光哉・春木豊　編著　『学習心理学　行動と認知』　サイエンス社

木村裕　著　「古典的条件づけ・オペラント条件づけ」

湯浅道男・山下平八朗・岸昭道　編著　『法学入門　改訂版』　成文堂

山下平八朗　著　「法とは何か」

ロバート・ウェルダー著　村上仁　訳　『フロイト入門』　みすず書房
「GLOBIS　CAREER　NOTE　グロービス経営大学院　VUCA（ブーカ）とは？　予測不可能な時代に必須な三つのスキル」
(https://mba.globis.ac.jp/careernote/1046.html)
ZURICH　チューリッヒ保険会社　コリジョンコース現象
(https://www.zurich.co.jp/car/useful/guide/cc-collision-course/　1行目から9行目まで引用)
W・アーノルト　詫摩武俊　訳著　『性格学入門』　東京大学出版会
『旧約聖書』「創世記3章6節」

著者プロフィール

大塚 健次郎（おおつか けんじろう）

一九五一年 栃木県生まれ。
初心運転者教育に従事。その経験の中で得られた教訓が、微力ながら交通事故防止や安全運転に貢献できれば幸いです。

車の中から見た世界「運転とは何か」

2025年4月15日 初版第1刷発行

著 者 大塚 健次郎
発行者 瓜谷 綱延
発行所 株式会社文芸社
〒160-0022 東京都新宿区新宿1－10－1
電話 03-5369-3060（代表）
03-5369-2299（販売）

印刷所 TOPPANクロレ株式会社

ISBN978-4-286-26343-4